IKEA BOOK

宜家创意生活③

焕然一新的春夏个性空间

日本武藏出版 编著　　芦茜 译

江西科学技术出版社

IKEA BOOK 目录

行动起来吧，悦动的灵感与春日换装的52个创意

这里介绍了5个利用宜家商品变换室内风格的居室。为了增加独创性，些许的动手改造是不可或缺的。你也尝试着开始采取行动吧！

室内设计小创意

用来收纳玩具的桌架上呈现出法国风情

只需将这个有着漂亮边框的相框靠在墙上便是一幅画。用丝带将远处的人造花"斯纳迪格系列"系在一起，展现了主人的巧妙用心。

通过自己动手和装扮，实现独具个性的风格

　　自从搬进这套新公寓后，山本小姐已经在这里居住3年了。山本小姐从入住的第一年开始，便按照巴黎公寓的风格粉刷墙面、拆除隔断，自己动手进行了装修改造。

　　在起居室和书房的收纳上，她采用了与法式风格家装相匹配的实用、简约的宜家储物柜。起居室中"芳斯特系列"的储物柜经添加组件后可用来当作电视柜，山本小姐选择了用途多样的商品。另外，窗帘、相框等许多装饰品也都是宜家的商品。"在外文杂志中看到宜家商品的使用方法，给了我许多灵感。"山本小姐频繁更换家具的布局和摆设，享受着居室风格多变的乐趣。

在房间里铺上麻质地垫，让地板的风格焕然一新

铺上"塔恩比系列"麻质地垫，将房间变成西式房间，用作童房。紫红色的"林格姆系列"迷你地垫与粉色的墙壁相呼应。

蕾丝窗帘隔边儿上闪烁着的星形灯泡增添了这里的甜美感

在孩子房间的窗边，花纹图案的"艾尔文斯佩兹系列"蕾丝窗帘隔边儿上挂着"思吉拉系列"星形的灯串。用U形夹牵引并固定灯线。

实例 *1*

外文杂志中看到的风格，融合了古色古香与摩登时尚

崎玉县·山本小姐

将房间的墙壁被刷成了粉色，配合作为点缀色彩的紫色和蕾丝饰品营造出法式气息。将古色古香的木箱子叠放在一起，使其变身成了玩具的收纳柜。

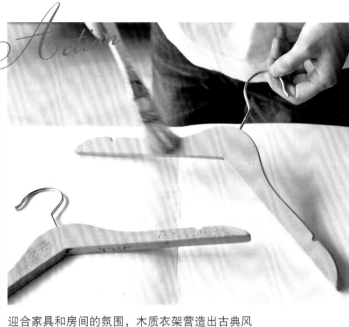

迎合家具和房间的氛围，木质衣架营造出古典风

在大女儿萌结的衣厨里挂着手工制作的印花连衣裙。使用了古典风格的衣架和带有裂纹装饰并刷成粉色的"汉佳系列"衣架。

室内设计小创意

在柜子上面铺上布垫，当作给孩子换尿布的地方

将可以放置在任何地方的"古仑格系列"婴儿护理布垫铺在儿童专用的柜子上或手工制作的衣橱桌面儿上，成为给大儿子换尿布的地方。

儿童房

将可以体验涂色乐趣的布料制作成儿童房中壁柜的遮挡帘

使用制作画板布的配套工具来亲手制作壁柜的遮挡帘。选择这款"布里顿纽莫尔"布料是因为它是白底的,可以像涂色画布一样给它填上色彩。

将划分空间的门板、拉门、隔扇等卸掉后,起居室旁边的房间被改造成儿童房。为了搭配墙壁的粉色,木质家具被刷上了淡淡的紫色,营造出怀旧的氛围。

▲为了不破坏柜子的雅致感，收纳电线等物的"卡赛特系列"收纳盒统一为白色。
▼杂志文件盒也以"卡赛特系列"为主，统一为白色。书柜上没有摆满书籍，留出装饰品的摆放空间，减轻了压抑感。选择了白色的"斯德哥尔摩系列"插花器皿。

▲并排摆放了两个雅致的"强尼托普系列"的柜子当作书房的收纳柜。还可以进行个性化设置，如加上柜门等。

用优雅的皮质沙发、古香古色的餐桌组合、枝形吊灯等装扮出具有特色的起居室。杂志等散发着生活气息的物品被收纳到紧贴墙面的"贝斯特系列"柜子里，整洁干净。

集合各种相框，像外文杂志中那样装扮墙面

典雅风格的"维丝伦系列""桑卓系列"相框以及"菲亚斯塔系列"的铝质相框，再加上从法国买回的相框，这些成为装饰的重点。"丽巴系列"的装饰架上摆放着在旧货市场上淘来的充满了怀旧感的物品。

▼以古香古色的相框为背景，在"贝斯特系列"的柜子上摆设上装饰品。有木质的"阿瑞德系列"烛台、玻璃杯以及添加了搪瓷等材质的白色烛台。

起居室

家庭数据

家庭成员：夫妇、两个孩子
居所：公寓
房间格局：三居室
面积：75m²

实例 2

让高层眺望下的景色和季节色彩与墙面的颜色相得益彰

东京·Y先生

利用镜子和墙面涂料来消除墙壁的乏味感

　　住在视野极好的高层公寓里的Y先生认为"洁白的墙壁会让人觉得乏味"，于是在入住后便立刻对墙面进行了改装。首先，在起居室的墙壁上安装了12面镜子，使室内显得宽敞、明亮。白天水面的波光、晚上绚烂的夜景，镜子让反射进来的景色看起来更加美丽。另外，一部分墙壁被涂上了粉红色的涂料或墙纸，创造出一个与其他物品相互辉映的室内空间。

　　在容易给人沉重感的深棕色地板上铺上了米色和纯色的地毯，营造出一种轻快的氛围。在樱花盛开的季节里，窗帘和靠背垫换成粉色系的颜色，而在夏季则换成蓝色或绿色的冷色系，让人在室内就能欣赏不同季节的色彩。

透过29层的宽大窗户眺望美景。把之前深棕色的"雷娜特系列"沙发套换成了米色。

起居室

室内设计小创意

错落有致地摆放烛台，体现出空间的纵深感

在镜子前方的桌面上，摆放着高低不同的"斯帝摩系列"烛台，避免整齐划一。

▲窗帘上使用了"德加系列"的窗帘夹。因为可以简单地摘取，所以能随着季节和心情的变化，轻松地更换窗帘布。

◀银色的盛台也是宜家的商品。当作装饰品当然不错，也可以盛些点心，在茶点时间里使用。

室内设计小创意

铺上天然皮革地毯，给暗色的地板增添一份轻松的心情

在容易给人压迫感的深棕色地板上搭配了一块天然皮革的地毯，增添了高贵感和轻松感。

室内设计小创意

椅子套使旧椅子更符合整体家装风格

为了配合家装风格，给之前使用的天然色
的餐椅套上了"亨利克系列"布套。

为了减轻压抑感而选择了玻璃面板餐桌。餐桌上
摆放着各式各样的宜家物品与之相搭配。

为了更好地享受景色，将镜子安装在墙壁上
在墙壁上安装了12面74cm×74cm的"哥伦比亚系列"镜子。镜子不仅具有使房间看起来更开阔的效果，还能反射窗户里的景色，更好地享受景观。

为了增加墙壁的强度，在金属连接部位使用了加固材料。

装上玻璃柜门，遮挡书柜的繁杂感
"毕利系列"的书柜自购买后就一直没有安装柜门，现在为了避免杂乱的感觉，又装上了柜门。用螺丝刀就可以简单地卸掉柜门。

▲起居室的一角铺上了地毯，使主人和孩子能够在这里放松身心。

▲在摆放着书籍和儿童画册等物品的"毕利系列"书柜上，安装了以植物为主题图案的"毕利系列"毛玻璃柜门。听说Y先生的母亲家没有安装柜门，而是把它当作衣橱来使用。中间是"毕利系列"的DVD收纳架。

◀具有季节性的装饰品被收纳在"卡赛特系列"的收纳盒中，并放置在小边桌的下面。

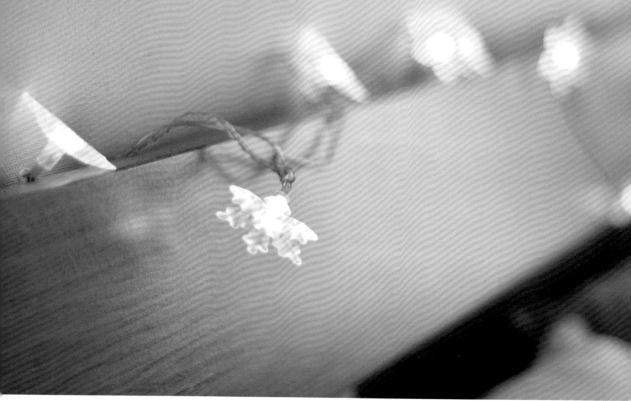

室内设计小创意

在床的周围装饰上柔和的照明

床头用"卡特系列"的灯串加以装饰。如雪花结晶般的设计和柔和的光芒增添了室内轻松的氛围。

床上用品使用了具有凹凸质感的毛巾被。柔软的肌肤触感,有助于睡眠。

孩子喜爱的"古西格 格登系列"毛绒玩具。柔软的触感独具魅力,孩子总是和它一起睡觉。

室内设计小创意

悬挂相同的相框,使窗边给人以深刻印象

将"丽巴系列"的相同相框竖排挂在墙上,装饰效果非常好。根据心情,"艾纳系列"的麻布窗帘也可以用来当作床帐。

卧室的墙面涂成了具有安神效果的蓝色。或许由于柔和的色彩，睡眠变得比以前更安稳了。床为"马尔姆系列"。

将高度不合适的柜子叠放在一起，便于使用
用来当作小边桌的柜子也是宜家的商品。叠放成两层，用来收纳睡前阅读的书籍和杂志，或是用来放置台灯。

叠放的衣物和挂起的衣物分开放置，整洁收纳
衣架上的裤子和裙子挂在备用衣橱里，叠放的衬衫和毛衣放在"帕克思系列"的衣柜里。

卧室

因为"帕克思系列"柜子的柜门选择了镜面式的，所以很容易搭配。地板上铺的是"塔恩比系列"的麻质地毯。

家庭数据
家庭成员：夫妇、两个孩子
居所：公寓
房间格局：两居室
面积：75m²

实例 *3*

经过单色系色彩点缀后的清新时尚空间

东京·赤塚小姐

红色的抽屉组合成为室内陈设中的增色点

　　自赤塚小姐迈入职场后便重新装扮了自己的房间。她喜欢清新风格的设计和丰富多样的色彩，于是决定用宜家家具进行家居搭配。她的目标是使房间看起来更加清新爽快，尽量少摆放东西。家具以单色系为基调，用红色的物品进行色彩点缀，营造出时尚的氛围。为了搭配黑色的扶手椅和用来当作梳妆台的桌子和凳子，书柜和地毯选用了灰色。为了点亮由素色家具所统一的空间，她选择了红色的屉柜组合和床上用品。赤塚小姐向我们说出了她今后的计划："依随心情，我会变换窗帘、坐垫套、床上用品，挑战一下不同氛围的室内设计"。

Action

在单色调的空间中，凳子套和绿色植物成了点缀色。在小边桌上摆放 "洛特拉系列" 的烛台，并用粉红色统一色彩，体现了可爱感。

收纳功能强大的简约设计风格的家具

在用来当作梳妆台的黑色的 "克莱巴系列" 桌子和 "尼尔斯系列" 凳子旁边，摆放了红色的 "海尔默系列" 抽屉组合。抽屉里收纳了蜡烛等物品。

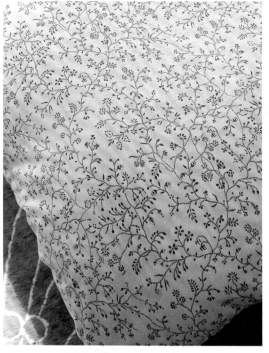

室内设计小创意

与抽屉相呼应的红色碎花图案的床上用品

作为色彩点缀的 "艾尔文奥尔特系列" 被套的红色小碎花给室内装饰增添了绚丽感。

*A*ction

圆点图案的靠背垫增添了物品的甜美感

为了搭配书柜和地毯的颜色，选择了配色中
带有灰色的靠背垫布套。

在雪白的墙壁和米色的窗帘房间中，以黑色为基调的家具统一了整体。针织品提升了色彩感和绚丽感。

Action

娇艳的绿色给空间增添了沁人心脾的清
爽之感

把从宜家买回的绿色植物——龙叶竹栽进花
盆，摆放在房间里，增添了清新之感。

▼ "卡赛特系列"的收纳盒选择了黑白相间的条纹图案，里面收纳着来自朋友的信件和照片等值得回忆的物品。

▲用画集和绿色植物来点缀的贴上了艺术画的小角落。"卡赛特系列"收纳盒中收纳着不经常听的CD。

▼灰色的"毕利系列"书柜里摆放着白色的文件夹。将杂志收纳其中，可以遮蔽生活气息，看起来很清爽。

家庭数据
家庭成员：与家人住在一起
居所：独立住宅中的一个房间
面积：大约15m²

实例 *4*

打造个性化的空间

东京·伊藤小姐

因为简约，所以可以随意设计

因为非常喜欢自己动手制作，所以伊藤英代小姐亲自装修了这套二手公寓。虽然是已经入住了15年的房子，但现在依然在一点点地装扮着它，享受着具有个性化风格的换装乐趣。

对于伊藤小姐来说，宜家家居是使她创作欲望源源不断的地方。"我特别喜欢形状简洁的东西。可以将其重新刷颜色或是变换一下使用方法，个性化的东西是我最喜欢的！"伊藤小姐说道。在我家里有添加了裂纹装饰的桌面和烛台、用板材拼接的古典风格的相框、天花板上悬挂着的蕾丝窗帘，这些都是用宜家商品进行个性化改造的成果，让每一件物品都像被施加了魔法一样的美丽绝伦。

伊藤小姐特别喜欢家庭派对。今天她用在宜家买回的装饰品和蜡烛以及亲手烹制的友情大餐来招待客人。

餐厅

这些如同高级法国餐厅里的餐具组合是利用宜家的简单碗碟和西餐刀叉来实现的。绿色的"尤布拉系列"蜡烛是搭配中的重点。

室内设计小创意

白色、玻璃、金属，营造出法兰西风情

▼原本是黑色的"赫莱尔系列"长板形烛台上添加了裂纹装饰。与玻璃杯的搭配十分协调。

▲餐桌上悬吊着用作照明的枝形吊灯。缠绕在金属杆上的装饰物是伊藤小姐自己动手制作的。

▲窗帘环重新涂色后，用来当作餐巾环。

▲盘子里盛着法式咸蛋糕。

Action

利用裂纹涂饰轻松再现古典风格

把宜家的"罗曼蒂克系列"托盘进行做旧加工。裂纹和不均匀的毛刷纹路充满美感。涂底色→裂纹剂→涂表色→擦拭→完成。

▲正在用宜家的毛刷子涂色的伊藤小姐。她说如果想做得漂亮，其中的小窍门就是最后用布巾再轻轻擦拭一遍。

▲这个宜家的托盘被保留了原本的形状，经过裂纹装饰后焕然一新，让就餐和茶点时刻更加温馨。

餐桌上的图案是伊藤小姐自己画的，眼前带把手的托盘也是自己制作的，能并排放入3个盘子、2排蜡烛。

餐厅

Action

利用可随意变形的蕾丝窗帘为不同的场面营造氛围

餐厅的天花板上悬挂着宜家的蕾丝窗帘。因为只是用麻绳把窗帘系在木棒上，所以可以简单地变换造型。开派对的时候，可以变换一下悬挂的方法或是在上面添加一些装饰品，享受自由装扮的乐趣。

这个餐厅的装饰似乎在外国室内装饰杂志里经常出现。硅藻土的墙壁、蕾丝窗帘、古色古香的家具等，使空间温暖怡人。

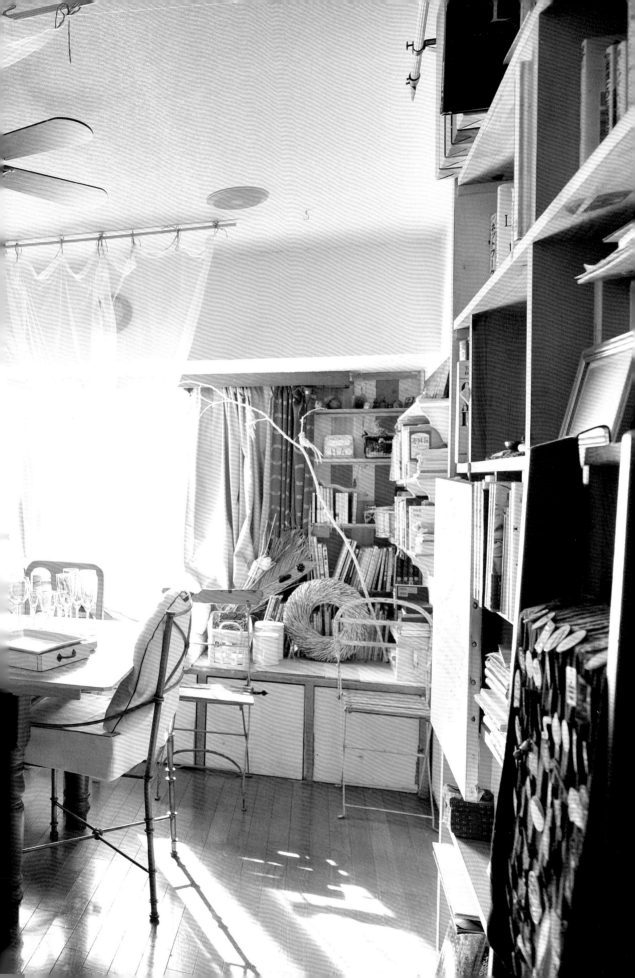

室内设计小创意

设计简约的小物件成为不露声色的亮点

▼墙壁中间的铅笔画是正在美国留学的女儿——丽子的作品。画框是伊藤小姐用宜家的相框和板材拼装制作的。

▲木头的质感中布质的椅子垫成为亮点。

▲"这个原木色的装饰柜应该涂成什么颜色呢，好苦恼哦！"

▲简单小巧的蜡烛可以多摆放几个，能显得十分华丽。

卫生间

室内设计小创意

简单的相框变身为玻璃柜门！

镜子是20年前生活在澳大利亚时在宜家购买的。

▲在卫生间的墙壁上挖出一个小空间，把涂过颜色的宜家相框安装在上面，就成了一个陈列橱窗。里面装饰着旧画片、钥匙、兔子玩具。

家庭数据

家庭成员：夫妇
居所：公寓
房间格局：三居室
面积：大约95m²

实例 5

在挡帘和局部空间中添加花样布料

群马县 · M小姐

用一件针织品改变整个房间的印象

对于喜欢变换房间样式的M小姐来说，配合丈夫调动工作时的搬家，正是重新装饰家居的好机会。去年搬家时，把家里装修成了一直都很喜欢的北欧风格，但为了增添生活气息，于是利用各种图案的布料来突出亮点。

因为布料在房间中所占比重较大，所以能够很轻松地变换装饰效果。窗帘和靠背垫自不用说，还自己动手制作装饰布板，并经常性的随着心情和季节变换来更换颜色，一边充分利用颜色丰富的宜家布料，一边享受充满个性的居家装扮。

为了搭配室内的照明灯，起居室的主题色选择为橙色。

Action

没有拉链的手工靠背套

买回布料后，亲手制作靠背套。没有缝上拉链，而是将开口处锁边，让更换起来更加简单。

室内设计小创意

柜门上贴上多彩的布料

在装有杂志等物品的"毕利系列"卧室收纳柜的柜门上贴上了喜欢的布料，充分享受空间装扮的乐趣。

选择了与餐桌相搭配的椅子。

家庭数据
家庭成员：夫妇、一个孩子
居所：跃层式公寓
房间格局：两居室
面积：大约65m²

室内设计小创意

用植物图案的布料遮挡生活用品
用"弗蕾多系列"的布料遮挡了洗手间里摆放着生活用品的储物架。"贝卡姆系列"的踏脚板是为了方便孩子使用洗脸池。

实例 *6*

以自然为主题的布料让白色的空间显得清爽宜人

东京·谷小姐

利用植物图案与条纹图案进行个性化装饰的超高技巧

　　谷小姐在去年把公寓的地板换成了纯白色的木地板，并新置了白色的沙发。用独特图案的宜家布料手工做成的装饰板、画框、靠背垫等极具效果，对整体的白色空间起到了点缀作用。谷小姐是位宜家迷，经常在宜家购买家具和餐具。在杂志上看到巧妙利用宜家布料进行装饰的范例后，她也决定自己动手制作。谷小姐选择的是能够感受到独特的北欧气息的植物图案或条纹图案的布料，以绿色为主体来搭配米黄色、黑色。在白色的房间里点缀上绿色，营造出一种非常清爽的氛围。

Action

在厨房背面的墙壁上挂着3个用做起居室装饰板时剩下的布料做成的画框。在目光所及的高度上突出布料的图案部分，使其视觉感超强，而且也能体现与起居室的协调统一感。

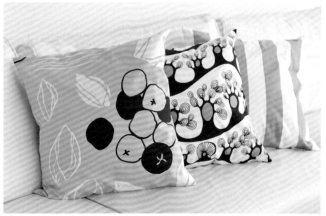

▲并排摆放的三个靠背套是用植物图案和条纹图案的色调协调搭配在一起手工制作的。

▲在起居室中较为宽阔的墙壁上挂上用"梅肯系列"的布料手工做成的装饰板，让极具个性的植物图案成为亮点。

Action

条纹状的桌布，增添了清爽的印象

桌布也是手工制作的，是与装饰板的色调相同的"本兹兰德系列"的条纹布料。

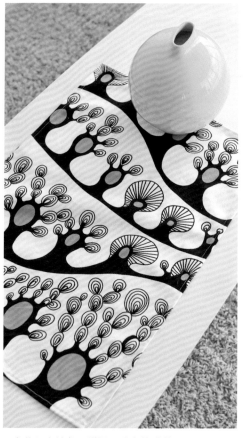

▲条纹图案给餐厅增添了清爽的感觉。

纯白色的墙壁、地板、沙发统一起来，具有开放感的起居室。为了搭配装饰板的颜色，选择了绿色的"翰蓬系列"地毯。

家庭数据

家庭成员：夫妇、两个孩子
居所：公寓
房间格局：四居室
面积：100m²

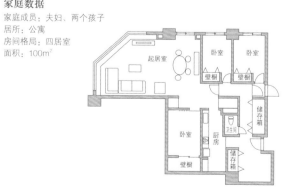

利用布料大变身的单间居室

东京都·千叶小姐（公司职员）

这是一套房龄30年的单间公寓。虽然将地面换上了木地板，但还是不够美观。这里，我们将介绍即便是初学者也能轻松挑战的布艺装饰创意。以白、红、粉等色彩为主，给室内物品增添一些变化，让室内装饰充满了春天般的少女风情。

运用布料的色彩创造出明亮怡人的空间

原来的房间色调单一、黯淡，但千叶小姐用宜家布料做成的窗帘和靠背套让房间一下子变得明亮起来。挂上用极具通透感的素材做成的窗帘和幔帐后，使空间呈现出柔和的气氛。为了能够随时看到心爱之物，墙面上贴着的大图片和杂志海报成为了装扮中的亮点。

另外，颜色时髦且具有分量感的桌子、书架、储物柜等大件家具都是从宜家买回的。"搁架内部很深、有多种用途的书柜是我最喜欢的！"千叶小姐说道。

变身之前

单间居室
23m²

家庭成员：单身
居所：公寓

（平面图标注：起居室、卫生间、浴室、厨房、玄关）

▲之前的房间整体颜色较为低调，略微给人以黯淡的印象。
"之前家里的布艺类物品都是以较为平淡的同色系颜色进行搭配的。"

▲ 为了配合幔帐的质感而在床上铺上与其相符的小盖毯，协调的整体感给人明亮的印象。

▲ 在桌子的一角上摆放上几支蜡烛。"宜家块状蜡烛的燃烧模样各不相同，这也是一个小乐趣哦！"

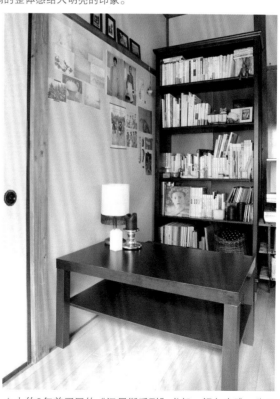

▲ 大约3年前买回的"汉尼斯系列"书架，颜色素雅，分量感十足。

在房间里另设置一个私人空间

挂上床帐后，床便成为了一个新的空间。

"像个秘密基地似的，连在床上看书都变得更有趣了呢！"

局部 2

小小变动，用途多多
"斯拉霍系列"的贴花没有贴在墙上，而是零星地贴在床帐上，情趣多多哦！

局部 3

大胆使用生动的颜色和图案
靠背套选用了明亮的颜色和大胆的图案，成为床四周的亮点。黑色的布套为"菲格尔系列"。

 局部 4

改变窗帘的质感后，房间的亮度也提升了
窗帘同时使用了"利尔系列"和"萨丽达系列"的两种布料，用"瑞克迪系列"的窗帘夹进行固定。窗帘的透光性使房间看起来明亮轻盈。

▲将衣服等物品收纳进和书架同时买回的储物柜里。为了遮掩居家气息，化妆品被放进了小筐里。

◀将饰品和小物件摆放在书架的一角，用作装饰点缀。灵活地利用空瓶子收纳扣子和串珠。

创意1

在宜家家居店里发现的打造舒适房间的小窍门

宜家的样板间里蕴藏着许多巧妙利用墙面和死角空间的技巧，其要点就是家具的布局和物品的选择。在这间样板间里有许多值得我们效仿的创意。

春日变装的房间设计与创意

在这里，我们将介绍一些春季的室内设计和让身边的物件更有灵感的创意。掌握一些小技巧，让你的生活立刻变得快乐起来。

利用了最适合整理杂志和书籍的墙面收纳创意

▲"施托洛系列"的床下放置了沙发，有效地利用了空间。在只有一个房间的有限空间内，这是一个值得效仿的创意。

▼"贝诺系列"的DVD竖架用来收纳书籍也很方便。因为隔板可以摘取，所以可以灵活调节高度。

使墙面更加明亮的墙上饰品

▼使房间明亮的点睛之笔是以山羊为主题图案的墙上饰品。因为加入了手工刺绣工艺，所以给人以温暖的感觉。

▲床架为双抽屉式。书本和小杂物等物品藏进床头板里，使卧室看起来整洁干净。

▲可以上下调节的百叶窗能使房间的景色焕然一新。

▼把"洛兹系列"的镜子安装在墙上，使房间看起来更宽敞。使用安装专用的轨条，能够把镜子安装成你喜欢的形状。

▲适当地调节百叶窗的开合度。

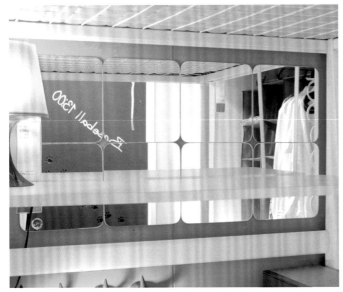

铺装镜子，让狭小的空间看起来更宽阔

▲在床下狭小的空间里装上"索尔丽系列"的镜子，减少压抑感。镜子被固定在桌子周围，你还可以随时照照自己。

▲成为房间亮点的"雅德尔系列"镜子。将横竖都可以的镜子横着挂在墙上，使房间看起来更宽敞。

壁橱内侧的空间用来收纳不经常使用的物品

▲安装上"艾克尼系列"的隔板后，一个书架就完成了，非常适合用来存放已阅读过的书籍等物品。底层放置的箱子用来收纳零碎的物品。

悬挂储物的创意提高了壁橱的收纳率

◀悬挂储物避免了空间的浪费，"康普蒙系列"的复式衣架和储物格非常方便，也具有易于挑选和拿取衣物的优点。

壁橱里值得借鉴的收纳创意有很多。如果在"施托洛系列"的阁楼式床架上安装桌面和隔板，一个学习区就形成了。

兼具功能性和可爱感的挂式收纳

有7种颜色供你选择的"贝思迪系列"
挂钩。不同的颜色组合给人带来不同的
感觉，装饰性也会增强。

更换椅子的座面

配合房间的换装，椅子的座面也要更换。只需稍加改造，就可以让房间焕然一新。

对物品稍作改动，让家装大放光彩

在这里，我们将介绍一些对椅子、布料、装饰贴花等稍加改造和变形的 DTY创意。
除了这里提到的商品，还可以用你喜欢的东西进行实践。尝试着把你的个性设计物品运用到换装行动中来吧！

需要准备的东西
· "诺纳斯系列"的椅子　· 十字螺丝刀　·打褶器
· 一字螺丝刀　　　　　·钳子　"瓦林系列"的布料
· 剪刀　·钉子（5mm左右的短钉子）　　·强力双面胶

1

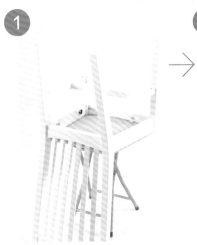

把椅子倒置，便于拧下座位面的螺丝。

2

拧下螺丝。

3

用一字螺丝刀和钳子拔掉用来固定座面布料的褙钉。

4

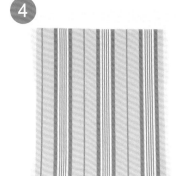

用来更换座面的布料为"瓦林系列"。

5

依照取下来的布料形状，在替换布料上画出相同的大小。画时将座面放置在布料上，这样布料不会打滑。

要点

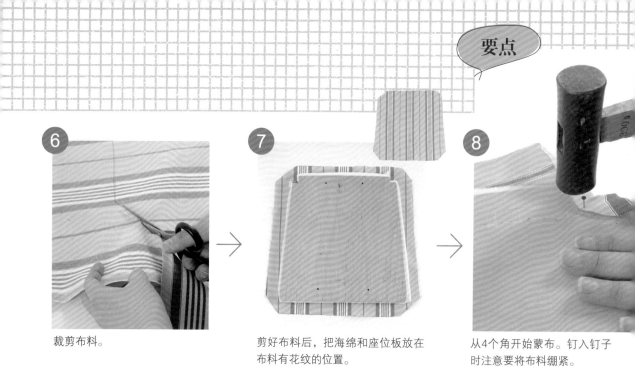

要点

6

裁剪布料。

7

剪好布料后，把海绵和座位板放在
布料有花纹的位置。

8

从4个角开始蒙布。钉入钉子
时注意要将布料绷紧。

9

用强力双面胶贴好四边。

完成！

10

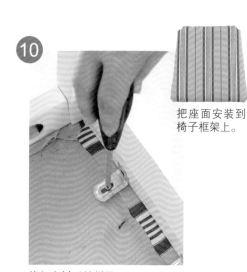

换好布料后的样子。

把座面安装到
椅子框架上。

在墙柱上贴布

贴在墙壁一角的花布成为房间的亮点。替换起来也很简单，你可以简单地将各种图案布置到房间中，提升装饰性效果。

需要准备的东西
·布料　·卷尺　·规尺　·彩色铅笔
·剪子　·双面胶

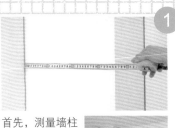

1 首先，测量墙柱的尺寸。

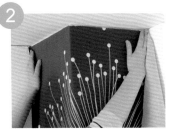

2 直接将布料贴到柱子上，确定图案所在的大致位置。

3 在布料上量好尺寸，画好线。因为边缘处需要往里折1cm，所以两端要多留出1cm的长度。

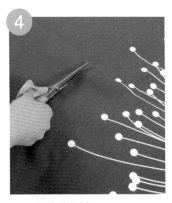

4 沿着线裁剪布料。

5 在墙柱上贴双面胶。

在柱子的棱角处也贴上双面胶（棱角的两面都要贴）。

6 往柱子上粘贴时，布料的顶边儿要往里折1cm。

7

要点

将上半部分贴好后再贴棱角处。贴时绷紧布料，避免出现皱纹，顶边儿往里折1cm。

完成！

蝴蝶贴纸

把温暖的季节召唤进室内的蝴蝶装饰贴纸。这是一个能够体现空间感的创意，可以运用到如餐桌配饰等丰富多彩的场面中。

> 需要准备的东西
> ·"斯拉霍系列"装饰贴纸
> ·外文书籍或杂志　·打褶器　·剪子　·双面胶

1

剪下杂志上的一张纸，它将成为蝴蝶背面的图案。

在将成为蝴蝶背面的纸张的反页上，贴上装饰贴纸。

2

3

剪下蝴蝶。

4

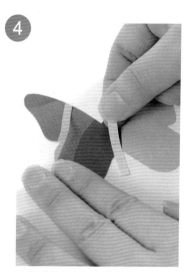

在蝴蝶的中心部位贴上双面胶。

5

要点

剪掉双面胶露出的部分。

6

沿着双面胶的两侧，折叠蝴蝶翅膀。

完成！

营造出蝴蝶在房间里翩翩飞舞的气氛

在照明灯上贴着"斯拉霍系列"的装饰贴纸，让整个房间大放光彩。这是一个将温暖召唤到房间里的创意。

非常适合用于装扮餐桌。

我所追求的室内装饰

我们探访了11家租房客，从中学到了一些创造舒适家装的小技巧。对于打算搬家的人或将要开始单身生活的人来说，这是必读的一部分！

宽阔的窗户和较高的天花板形成了一个开放的空间。生动的色彩随处体现出装饰效果，整体色彩丰富。

充分利用细长形格局，打造简约时尚的空间

东京都·山科美香小姐

起居室的天花板上横梁外露，层高较高，厨房贴着粉红色壁纸。山科小姐一直就喜欢有个性的室内装饰，于是便开始巧妙地布置着这间很难摆放家具的细长形空间。"我以前的住所就是一个单间，吃饭和睡觉的地方都在一起，很不喜欢！"山科小姐说道。这次她的目标是把阁楼当作卧室，与起居室兼餐厅共划分为3个区域，合理地利用了空间。在玄关一侧摆放上一张桌子，打造一个工作区；摆放着沙发和地毯的中央空间作为起居区；窗边摆放着扶手椅，当作休闲区，在这里弹弹心爱的尤克莱利琴或是编织一些小物件，享受最幸福的时光。

选择较小巧的家具也是让房间看起来更宽敞的关键。另外，在墙上悬挂磁石板和小篮子，设置一个储物区，会给人以整洁的印象。在白色墙壁构成的朴素空间里，搭配上粉红色和绿色的点缀色彩，一个独具品味且时尚个性的房间就完成了。

墙壁上的滑动轨条是已经安装好的。将手工艺小店买回的篮子里放入些干花，然后挂在墙上，为白色的墙壁增添几许亮点。

清爽且舒心的休闲区

▲窗边悬挂一个小筐，增加些许收纳空间。里面放着清洁喷雾瓶等充满生活气息的用品。

◀因为坐上去很舒适，所以选择了这张"波昂系列"的椅子。脚下铺了一块"加斯卡系列"的地垫，可以在这里光着脚享受时光。

小型号的"拉科系列"桌子可以根据用途自由地变换放置地点。不用的时候叠放在一起，节省空间。

在阳光非常充足的窗边摆放着香草和赏叶植物，增添了一份清爽感。听说有人经常用香草来做菜呢。

小空间也毫不浪费，
宜家储物用品显身手

面放着清洁喷雾瓶等充满生活气息的用品

▶ 装着调味品的瓶子并排摆放在微波炉上，不仅看起来整洁干净，还便于拿取。

▼ 调味品被装进了"莱特系列"和"IKEA 365+系列"的调味瓶里。贴上标签，一眼就能知道里面装的什么。

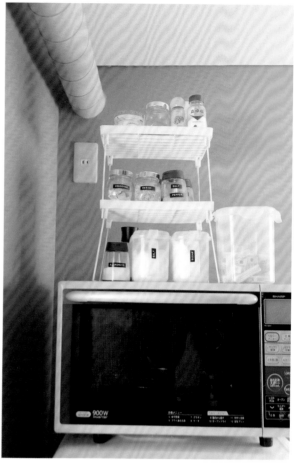

进一步增强收纳性能

▲ 卫生间的毛巾架上挂上收纳袋，将一些清洁用具装在其内。

▶ 衣橱里使用了"康普蒙系列"的复式衣架收纳腰带和围巾。只需简单地挂起，省去了叠放衣物的工夫。

粉红色的壁纸装扮出可爱的厨房。打印出来的风景照片和铁艺饰品等搭配在一起，提升了厨房的可爱度！

房东允许在墙面上钉凿，所以在墙上
安装了"格兰代系列"的工具架和沥
水台，充分利用了墙面。

以黑色和白色为基调，点缀上绿色和
红色的工作区。"卡赛特系列"的收
纳盒里收纳整理着厚重的书籍。

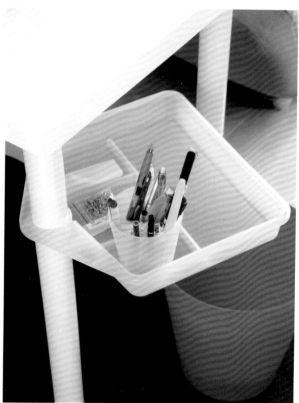

▲ 桌子腿上安装着托盘，收纳着容易乱放的文具。让桌子四周清爽整洁，创造出一个舒适的工作环境。

▼ "斯邦坦系列"的磁石板下端贴有格言的字条，可以放松心情，渲染出一个欢乐的空间。

▲ 从宜家买的纯色毛巾用途多多，非常适合日常使用。还可以搭盖在透着生活气息的电饭锅上。

家具靠墙边摆放，使有限的空间显得大一些。山科小姐还会偶尔改变沙发的位置，享受变化的乐趣。

选用白桦木材的家具，自然舒适的一室一厅

东京都・水野淳一先生与惠小姐

　　水野夫妇从前居住的房间采用的是流行色彩的装饰风格，而借着这次搬家的机会，他们挑战自己，打造了一个使用了大量天然材质的、使人舒心踏实的空间。

　　为了搭配木地板的颜色，餐桌和电视柜等主要家具选用了白桦木质以及白桦花纹的款型。白色的木质感渲染出浓厚的北欧风情。

　　与木质家具相辉映的是具有超强搭配能力的布艺品和绿色植物。布艺品选择了白色、蓝色等颜色素净或植物主题图案的样式，放置在家具上或是贴在墙壁上作为装饰。将同一种布料运用在不同的地方，使整个室内空间体现出整体感。另外，起居室的储物柜上摆放着赏叶植物，房间的墙壁上装饰着干花和用作收纳的小篮子等等，使大自然的气息更加浓厚。

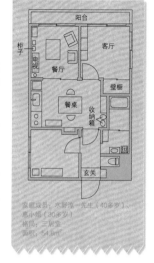

家庭成员：水野淳一先生（40多岁）、
惠小姐（30多岁）
格局：三居室
面积：54.8m²

"拉科系列"的桦木花纹桌子和电视柜让起居室呈现出简单的自然风格。窗户上悬挂的白色窗帘为"汉尼兰德系列"。

▼储物柜的上面摆放了一件从杂货店里买回的三轮车插花容器，里面放入了赏叶植物。为了与室内装饰相融合，小物品都选用了白色。

▲"图斯塔系列"的扶手椅是一直就在使用的，它成为室内装饰的一个亮点。

▲摆放着"巴西斯克系列"落地灯的角落。墙壁和搁架上点缀着的花布、小杂货，辉映着绿色植物的素雅台灯。

▲ 在起居室的墙上，为了搭配墙壁搁板的颜色，用水蓝色的花布加以装饰。为素净的空间增添了一抹色彩。

▲ 为了让室内氛围更加缓和，用竹帘遮挡住了抽油烟机，并用起居室窗帘的剩布头盖在了上面。
▼ 用两把儿童椅并排摆放作为放置电话的台子，可爱的布料渲染出房间的可爱感。

▲ "诺顿系列"的餐桌为伸缩式，来客人时也能轻松应对。椅子面上铺着的椅子垫为"阿莫里亚系列"。

移动餐车上摆放着进口食品和玻璃容
器，给自然风情的空间增添了一些时
尚的味道。

▼拉门的遮挡层是用宜家的纸张制作的。

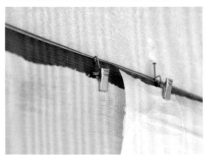

▲门框上钉着小钉子，用来固定带有夹子的窗帘环。

◀日式房间里的照明灯选用了纸质的素雅灯罩，与放置在墙边的收纳筐很相配。

利用布料进行整体搭配。

▼在玄关的鞋柜上铺上一块花朵图案的"塞西里亚系列"布料。安装了一块上面开有小窗的木板架，既不损伤墙壁又享受了装饰的乐趣。

▲用来遮挡餐厅旁的桌架花布，同样是"塞西里亚系列"的布料。旁边的小筐也是宜家的商品，用来当作废物箱。

▲电视柜是主人按照宜家的书架样式自己制作的，分别收纳着经常欣赏的DVD和CD。

黑色凝聚了空间，静心安逸的起居室

▲客厅和餐厅采用了不同风格的家具，清晰地划分了空间区域。简洁的空间里辉映着靠背垫和装饰画的鲜艳色彩。

▲玄关处选用了"比萨系列"和"强尼思系列"的鞋柜。为了避免给人以厚重感而选择了明亮的颜色。

▲在竖杆的上端和下端分别挂着一辆自行车，有效地利用了空间。餐桌组合和照明灯都选用了白色，使房间看起来清爽干净。

▲把碗当作搁置小物件的容器。特意叠放在一起，分享颜色组合的乐趣。

点缀着兴趣物品的简约素雅空间

东京都·荒川贵之先生与麻美小姐

荒川夫妇居住在这间有着宽大窗户、极具开放感的房间里。因为客厅和餐厅是细长形的，所以将组合的白色餐桌靠墙摆放，使空间显得更开阔。起居室的家具主要是明亮的木纹样式，深色的沙发垫在室内空间中起到了稳定氛围的作用。沙发上摆放的色彩丰富的靠背垫成为亮点。自行车被悬挂在专用竖杆上，也成为了装饰的一部分。

卧室也采用白色和木纹色的搭配。衣服和小物件被放进了收纳功能强大的宜家储物柜里和床下空间，使室内给人以干净整洁的印象。墙壁上挂着夫妇的共同爱好——攀岩用具，极具装饰感。

"宜家的商品价格便宜，但非常有设计感，很有魅力！"主人贵之说道。在明亮的空间里，被喜欢的东西所包围，每一天都过得很满足。

▲为了让房间尽量看起来宽敞一些，墙上的壁橱以及储物柜都是宜家的，用来存放衣物和包包。

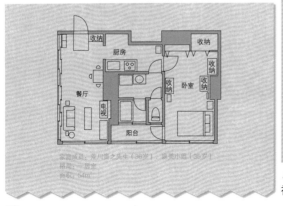

家庭成员：荒川贵之先生（36岁）·麻美小姐（35岁）
格局：一居室
面积：54m²

▲床下选用了"舒法特系列"的储物箱。白色的床上用品也是从宜家买的。

▼鞋子的收纳使用了从宜家买回的双层鞋架，紧凑且不占空间。小物品被收纳在收纳盒里。

装饰性地收纳物品

▲墙上的挂钩上挂着攀岩时用的大旅行背包。夫妻二人会根据当天的心情和去往的场所选择所用的背包。

▲柜门的背面贴的是"洛兹系列"的镜子。4面正方形的镜子被随意地组合摆放，成为一个小亮点。

运用大胆的色彩和造型让小空间中充满了情趣

东京都·加藤裕香小姐

加藤小姐租住在一套离宜家店很近的公寓里，她的家简直就像是把宜家的样板间原封不动地搬过来的。色彩的运用、灯光的表现、物品的收纳等都让来家里的客人心情愉快，处处都有值得我们参考的创意。"宜家的魅力就在于它虽然价格便宜却商品丰富。每次逛这里，头脑里都会涌现出各种创意！"加藤小姐说道。

拆掉了将空间一分为二的推拉门，采用视线通透的宜家储物架作为空间的隔断，形成了一个光线能够到达整个房间的开放式单间。起居室的空间里点缀了绚丽的布艺品和照明灯，渲染出温馨的氛围。在用餐区，用北欧风情的布料做成的椅子能使你拥有如同置身于咖啡厅里的好心情。"对于我来说，宜家是一个能够买回生活梦想的地方！"加藤小姐说话时的笑容似乎在告诉我们，她的快乐计划才刚刚开始……

家庭成员：本人〔31岁〕
格局：单间
格局：三居室
面积：33m²

"IKEA PS 马克鲁斯系列"的灯具、做成窗帘的"布达迪斯系列"的花布和"思库斯达系列"的扶手椅装扮出一个极具个性的空间。

在成功划分单间居室的"埃克佩迪系列"储物柜上摆放上自己喜爱的小物件。

美观的收纳让室内更明亮宽敞

▲原本作为垃圾箱出售的"思库布系列"的箱子被当作储物用具，用来收纳包包和服饰等小物件。

▶整齐摆放着抽屉式收纳盒的储物空间。卸下壁橱的推拉门，根据底层的宽度和高度，搭配使用了"安特纳斯系列""萨姆拉系列""思库布系列"的储物用具，没有浪费丝毫空间。

▲用描绘着花鸟图案的极具北欧风情的"瓦尼娜鲁拉系列"花布手工制作的抓锅垫布。

▼装饰在玄关墙面上的布艺品是一件简单的改造品，只需将花布镶嵌到相框里即可。

用喜欢的花布做些小物件

▲餐椅是从以前的住处搬过来的，更换椅套后继续使用。在母亲和妹妹的帮助下，做成了这件世界上独一无二的原创椅子。

▼办公室里用的柜子变身为收纳餐具用的柜子，巧妙地与简约、自然的厨房融合为一体。

▲玄关的门上贴着厨房里用的磁石式调味盒，里面存放着钥匙和一些小物品，充分有效地利用了空间。

▲点亮着"菲斯塔系列"灯具的餐区，如同北欧的咖啡馆。厨房的入口处垂挂着圣诞节时从宜家买回的彩灯，闪烁着浪漫情怀。

历经岁月的家具点亮了充满思乡之情

家装技巧 5

东京都·青野宽子小姐与智子小姐

因为喜欢雪白的墙壁和朝阳的明亮空间，所以青野姐妹二人选择了这套公寓。搭配的主题是"房间的装修既要略显清淡素净，又能感受到树木气息的复古情趣"。

在旧器具店里挑选了这张颇有韵味的桌子，在身为皮革手工艺家的宽子姐姐的作品展上被使用，并完美地与宜家简约风格的家具相搭配。起居室和就餐区的主体色彩为天然色，厨房为白色，卧室为棕色，而且在搭配上与白色的墙壁也很协调。棕色系使室内保持了统一的整体感，同时也让每个房间具有不同的氛围。

因为房间具备的储物空间较少，所以放置了书架和搁板。当时租住这套房子的原因就是看中了起居室和就餐区的开阔感，所以尽量不搁置物品，而是把散发着生活琐碎气息的东西都放到了卧室里。

两位主人有着共同的家装理念，于是装扮出一个宽敞明亮的家。

因为没有过分强调储物功能，所以选择了宽度为38cm、与墙壁颜色相融合的白色"毕利系列"书架。

▲从宜家买回的花园方桌被用来当作电视桌。凳子上摆放着灯具，但来客人时也可以当作餐椅使用。

▼用旧器具店买回的餐桌与白桦木质的"法斯特系列"凳子来装饰客厅兼餐厅的区域。

▲硬纸板材质的箱子上放置了一台"巴罗米特系列"的工作灯，用来当作电脑桌。一件家具两种用途，节约利用了空间。

▼为了防止小猫、小狗刨土，庭院里铺装了涂有防腐剂的宜家木地板，与古旧的桌子非常搭配。

▼厨房统一为白色，略微清淡素净的效果。米黄色的地垫和木质的厨房用具增添了大自然的感觉。

▲书架上保留了陈设装饰品的空间，给客厅增添了色彩。黄色明信片的木质器具是从旧器具店买回的。

▲清洗池旁边的储物架上层摆放着"IKEA 365+ 系列"的带盖容器。厨具清一色都是很实用的木质用具。

与木质感相辉映的简约风格厨房

▲用来当作操作台的小边桌是从宜家买的，下面的旧木箱里装着能在常温下保存的蔬菜等。

▼卧室的窗户上安装了与旧杂物很相配的木质百叶窗。木箱天然的材质统一了房间风格。

▲摆放着厨房电器和储物筐等物品的储物架的隔板间距较大，大体积的东西也能轻松拿取，让你在厨房干活都觉得快乐。

▲卧室的窗台成为一个展示空间。"雷科系列"的玻璃瓶里点缀着干花，演绎出韵味十足的氛围。

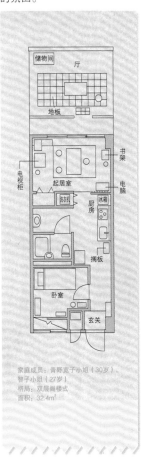

▲宽子小姐的卧室里有许多色彩高雅的针织品，如床上用品、小地毯等。不同于开放感的起居室、用餐区和厨房，卧室有着阁楼般的安逸与沉静感。

▶"贝卡姆系列"的踏脚凳被用来摆放物品，这是一个用线团等杂物和竹筐作为点缀的自然风格的角落。

家庭成员：青野宽子小姐（30岁）、钾子小姐（27岁）
格局：双层阁楼式
面积：32.4m²

用色彩和小物件精心装扮一个能够缓解一天疲劳的舒适房间

东京都·S小姐

"工作越忙，就越想有一个能够放松自己的房间！"S小姐如此说道。以设计中散发着温馨感的宜家纺织品为主，装扮出一个轻松怡人的空间。

S小姐在选择单品时非常注重颜色和图案。房间中大面积的地毯和窗帘、沉稳的红色和茶色，渲染出温馨的氛围。到处可见的动物图案小物件，都是S小姐最喜欢的，"只要看一眼就能心情平静！"因为房间是租住的，墙上不能钉钉子，所以装饰的时候把墙饰品镶进了相框里，把明信片贴在了木板上。

同时，为了让房间显得宽敞一些，S小姐也花了不少心思。为了避免陈设物品给人以压抑感而选择了低矮的家具，生活杂物全部被整理到储物家具里。因为有这些家具，收拾起来也很容易，而且能够轻松保持室内的整洁状态。"住起来很舒心，我很满足。只要在家里，我就好像充了电一样！"S小姐笑着说道。

以暖色调为主的充满民族风情的房间。小地毯和镶嵌在画框里的墙面饰品更增添了绚丽的色彩。

用刺绣小工艺品装扮出温馨的空间

▼在感到寒意的日子里，用色彩鲜艳的刺绣盖毯来让自己感到温暖、放松。粉红色的靠背套为"代芙拉系列"。

▲山羊图案的墙饰为手工刺绣，极具魅力。再加上一盏宜家的落地灯，形成了一个十分温馨的角落。

▲茶点时间的姜汁曲奇。铺上"尤芬特系列"的纸餐巾，布置成咖啡馆风情。

▲被用来当作植物装饰台的是宜家的踏脚凳。小鸟造型的小物件、瓶子、牛奶罐等渲染了自然风情。

根据用途，选择储物家具的样式

▲衣橱里的储物架用来当作书架。书架每层的高度不一，便于拿取东西。底层搁板上使用了纸质的"林格系列"杂志盒来整理杂志。

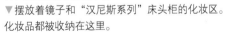

▲进出大门的旁边放置着一把"爱格系列"的儿童椅，用来随手搁置东西。
▼摆放着镜子和"汉尼斯系列"床头柜的化妆区。化妆品都被收纳在这里。

▲在工作区，为了柔和电脑的硬质感，摆放着明信片和动物造型的小物件用作装饰。杂乱的小东西被收纳在涂刷成白色的盒子里。

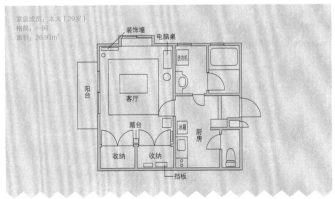

利用独创家具充分利用有限的空间

东京都·CHAR小姐

　　"把涌上心头的创意付诸于实践，自己亲手制作！"CHAR小姐说道。把桌子腿锯短一些，或是利用储物配件、日用品和家具制作自己原创的储物家具，闪耀着独特个性的DIY创意。

　　起居室里发挥了推拉门的作用，营造出旅店般的氛围。整体为淡色调，但深色桌面的桌子和日用品凝缩了空间感。卧室以白色为基调，用个性化的灯具和针织物加以搭配，而亮点就是也被用来当作壁橱柜门的移动式衣柜和书架。壁橱里面放着宜家的裤架和用篮筐做成的储物用具，丝毫没有浪费存放空间。另外，在卫生间的角落里还制作了一个储物架，并在这个利用长条凳做成的储物架上摆放日用品。CHAR小姐认为宜家的商品价格便宜而且实用，如果懂得灵活，可以让你享受到原创空间的装扮乐趣。

▲由淡色调统一的起居室。壁纸、镜子和推拉门等物品让房间散发着浓浓的复古风情。

▲卫生间里的储物架是把宜家的长条凳按照浴池的高度和空间大小进行改造制作的，刷上油漆，加强了防水效果。

▲手工制作的衣柜和书架的木纹装扮出一个散发着大自然气息的卧室。灯具上的黑色灯罩点缀了空间。小碎花的床上用品给简洁的空间增添了一抹绚丽色彩。

▲"维卡系列"的桌子只在两位以上的客人来访时才被组装起来使用。为了坐在沙发上时可以方便使用桌子，桌腿被锯短了13cm。

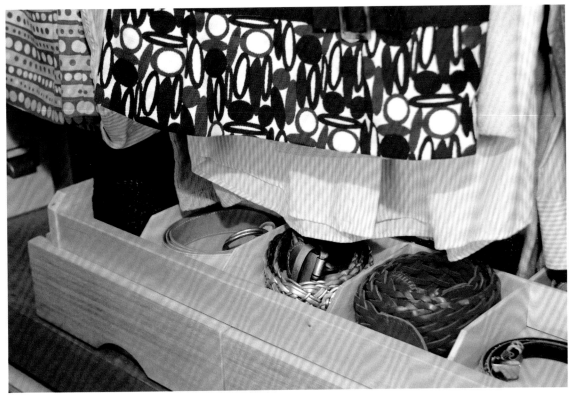
▲壁橱的角落空间里放置了从宜家买回的储物用托盘。腰带被卷好后放在里面。

利用宜家配件和DIY创意将衣物满满收纳
▲根据裤架和篮筐的大小，DIY制作了一个框架。因为配件可以向前方拉出，所以使用起来很方便。

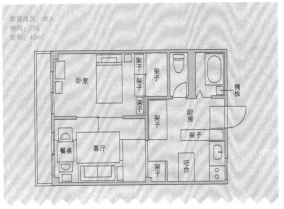

▲存放着很多衣物和用品的壁橱。为了增强收纳功能，手工制作了能够兼作壁橱门的移动式衣柜。

衬托小物件和菜品的以白色为基调的空间创作

东京都・村上雄治先生与咲枝小姐

　　村上夫妇借着搬到这套出租公寓的机会置办了一些宜家的家具，装扮出一个具有北欧风情的居室。虽然房间朝北，但白色的墙壁搭配白色的家具，还是给人以明亮的印象。虽然卧室里放置着一张小号双人床，但并没有拥挤感。在唯一一个可以钉钉子的木板上面安装了挂钩，用于归置领带、腰带等小物件，成为房间装饰的一个亮点。

　　在家装用品店工作的妻子特别喜欢收集餐具。每次去宜家，都会把喜欢的餐具一件件买回家。"我有很多白色的餐具，是因为白色能够衬托出菜品的颜色。不管是西餐还是日本料理，设计简约的餐具能够搭配各种料理，我很喜欢它们。"对于非常喜欢品尝美食的夫妇二人来说，虽然房间的装饰设计受到了一定限制，但品尝美食却让他们尽情享受着租客生活。

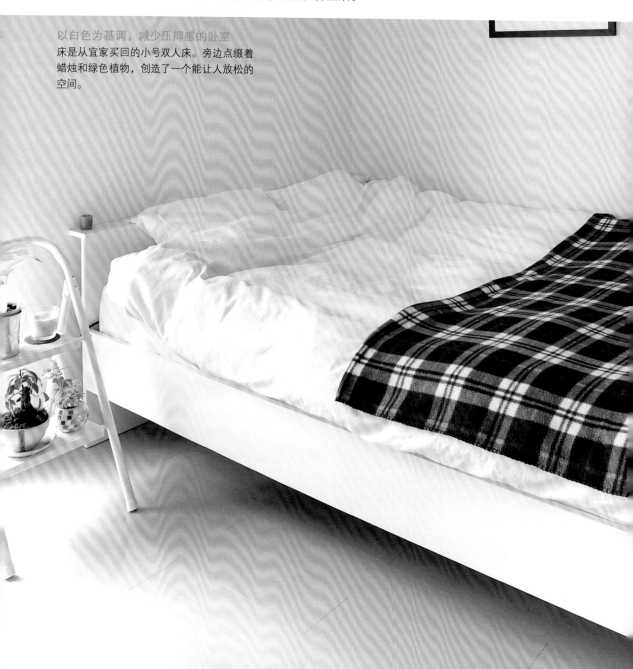

以白色为基调，减少压抑感的卧室

床是从宜家买回的小号双人床。旁边点缀着蜡烛和绿色植物，创造了一个能让人放松的空间。

▲白色的墙壁让整个房间显得明亮。夫妻二人都休假时，妻子会把亲手做的料理盛放在喜欢的餐具里。

▲利用"康普蒙系列"的复式衣架将难以整理的领带和围巾漂亮地收纳起来。衣架被挂钉固定在墙上。

▲使用了"IKEA 365+ 系列"餐具的拼盘午餐。与手工制作的肉丸子搭配在一起，充满瑞典风情。

衬托出菜品颜色的白色餐具是最爱

▼储物架上整齐排列着待用的白色餐具。据说确定当天的菜谱时，是先决定用什么样的餐具，然后再根据餐具选择菜品。

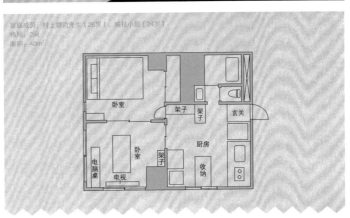

家庭成员：村上雄治先生（26岁）、咲枝小姐（24岁）
格局：2间
面积：40m²

关注家具的多用途以及彰显活力的红色

东京都·H小姐

　　H小姐在16岁之前曾在马来西亚、新加坡、美国等海外国家生活过，那时就已经对宜家很熟悉了。两年前的一次搬家中，为挑选家具而再次认识到宜家的魅力，"我逛过各种各样的家装商店，无论是商品的设计感还是品质，宜家都是让我最为喜欢的。"为了让位于城市中心的紧凑型房间住起来显得宽敞一些，H小姐最终摸索到的自己的解决方案，即让一件家具实现多种用途。把桌面和桌腿组装在一起制作而成的桌子兼具了餐桌、电脑桌、工作桌的用途。面对面摆放着两张不同种类的椅子，通过改变所见景色和坐在椅子上的感觉，自然轻松地切换心情。

　　如果只是一味的追求居住功能性，便无法让身心放松，所以H小姐在色彩上也花了不少心思。以生动的红色作为亮点，装扮出简约但充满朝气的空间。

把桌腿安装到"比克 阿蒙系列"的桌面上，
兼做餐桌和工作桌。

▲ 与房间主体色彩相同的红、白、绿色蜡烛被摆放在玻璃盘中，表现出整体感。

▲ 收纳衣物的"马尔姆系列"的柜子用来当作电视柜。旁边"海尔默系列"的红色抽屉组合里收纳了首饰等小物件。

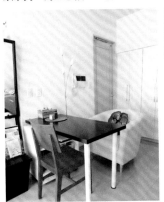

▲ "诺巴德系列"的红色椅子是工作时坐的，"图斯塔系列"的扶手椅是吃饭、读书等放松时坐的。

▲ 桌子下面放置着一个装有脚轮的"贝斯特系列"的搁板组合柜，收纳着化妆品等日用品。

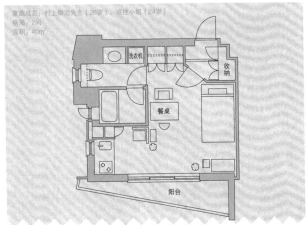

家庭成员：村上雄治先生（28岁）、咲枝小姐（24岁）
格局：2间
面积：40m²

储物空间全在一面墙上，创造一个放松休闲的房间

东京都·奥田泰之先生

身为宜家家居的工作人员，奥田先生现在居住在一套单间公寓里。家电和心爱之物都被收纳在墙边"贝斯特系列"的组合储物柜里，让这个大约14m²大小的房间看起来很宽敞。

竖长型的储物柜里收纳着许多珍爱的书籍，柜子的顶面被用来当作陈设模型、相机等心爱收藏品的空间。旁边放置着同一系列的矮储物柜，用来当作电视柜。搁板的位置可以调节，所以既能保证外观的美感，使用起来也很方便。另外，储物柜的柜门上安装了滑动轨道，采用了横向滑动式柜门。和拉开式柜门相比，滑动式柜门不需要打开柜门的空间，可以利用这个空间在房间中央摆放一把休闲椅，一个可供放松休闲的角落就形成了。

休息的日子里，奥田先生会在家里看看书，悠闲地度过假期。房间清爽舒适，闲暇时光也变得更加让人期待。

墙边摆放着大小不同的"贝斯特系列"的储物架。深棕色与白色的搭配渲染出高雅的氛围。

▲ 因外形小巧、感觉舒适而中意的宜家休闲椅。旁边放置着宜家的太阳能台灯。

▲ 一张由"比克 阿蒙系列"的桌面和"比克 欧比系列"的桌腿组装起来的桌子。

▲ 储物架的顶面被用来当作展示小物件的展台，摆放着人偶等木雕工艺品、画框等。

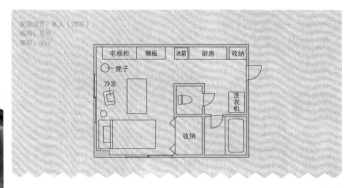

用植物和小物件点亮的简约开放式家装

东京都·桑原清先生、奥利弗·隆德科伊斯特小姐

桑原先生和奥利弗小姐在这套有着30多年房龄的公寓里过着他们的二人生活。因为喜欢简约而温馨的北欧风格，所以家里的家具几乎都是从宜家买回的。起居室和用餐区以白桦木材质的家具为主，点缀着绿色植物和流行色的小摆件，营造出明亮的氛围。沙发、储物架等物件都为深色，稳定了空间感。另外，墙上随意悬挂了一些照片和画框，装饰得非常绚丽。

因为空间并不宽敞，所以家具的摆放选择了开放式，从玄关到起居区一目了然。间接照明随处可见，装饰出一个开放性的空间。利用家具有意识的划分了起居区、用餐区、休息区、厨房这4个空间。根据用途划分空间，整理、收拾也变得简单起来。

两位主人打算重新添置一个沙发，"我们想要一款白色的沙发搭配上多彩的靠背垫，体验一把活用色彩的乐趣！"

起居区里白桦木家具是主角。天花板上"特蒂格系列"灯具的灯泡可以自由改变朝向，非常喜欢。

▲休息区以白色为基调。墙面上挂有镶着多彩图片的"丽巴系列"画框，营造出绚丽感。

餐桌是由"诺顿系列"的桌子和"贝尔蒂系列"的椅子组合而成的。餐桌上方的灯具为"赫比系列"。

▲"毕利系列"的书架被用来当作厨房里的餐具架。奥利弗小姐说："宜家的储物架结实耐用，而且还具有多功能性"。

▲"特雷比系列"的储物架被用来当作书架和装饰柜。客人来时，"拉科系列"的水蓝色桌子被用来当作餐桌。

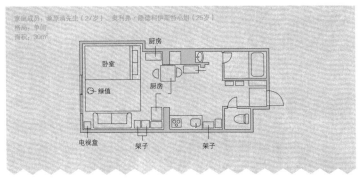

新生活指南

在此倾情介绍初次体验单身生活时需要事先了解的东西，以及在租赁公寓里享受家装乐趣的小技巧。

搬家前事先需要置备的东西

开始初次单身生活之前需要置备好三种东西，即窗帘、灯具和床上用品。

租赁公寓一般很少有已经备好窗帘的，如果不在入住前准备好窗帘，那么暂且就要被外面一览无余了。入住前先弄清窗帘轨条的种类，量好需要的尺寸。提前做准备，入住时才放心。

有时房间里也没有主要的照明灯，记得要事先确认。天花板上的照明灯有卡口、螺口的两种灯口，灯口类型不同，灯具就可能装不上去。虽然这种情况较少见，但建议还是应该先确认好照明灯口的类型再购买灯具。

窗帘的种类

圆套式　挂钩式

租赁公寓里（日本），窗帘的滑动轨条上带有窗帘滑轮的挂钩式窗帘为主流。而宜家则以圆套式居多，购买的时候要仔细确认。

应对挂钩式的小工具

 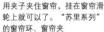

用夹子夹住窗帘，挂在窗帘滑轮上就可以了。"苏里系列"的窗帘环、窗帘夹

把它缝在窗帘反面，使挂钩能够挂住它。"里可提古系列"的套环条

接线口的种类

方形插口　　　圆形插口　　　螺口

百搭的要点

一时兴起把喜欢的东西买回家，可能就会出现不协调的搭配……这样的情况常有发生。首先，要在头脑中想像出自己房间装扮效果。最简单的方法就是在挑选家具时，想象着自己在房间里睡觉、吃饭、看电视、挑选衣服时的生活方式。选好必需的家具后，再在上面添加也一些自己喜欢的小物件，一个既具有功能性又快乐的房间就完成啦。

有效地利用有限空间

为小空间挑选家具是有窍门的。比如挑选沙发床等具有两个以上用途的物品或伸缩式桌子等能够根据需要改变尺寸的东西，这样的家具用起来都非常方便。

另外，能够根据不同的放置地点进行不同组合，并且之后还能添加零部件的组合式（组装）家具是非常节省空间的，值得推荐。即使搬到别的地方，也可以重新组装，能够长时间使用。

选择储物家具时，不仅要考虑放置的地点，还要估计存储物的大小。有多少东西要放置到什么地方，想好了再选择。

测量房间大小时需要注意的地方

测量房间大小时不要忘记测量横梁、柱子、踢脚线（与地板相接的墙壁下部的横板）等处的外凸部分、开关门时所占的空间以及它们在房间的什么位置，这些都要先确认清楚。在摆放电视、电话、电脑等家电产品时，插座和天线插口的位置有时会限制家具的摆放，这些方面也要确认清楚。

装有脚轮的家具移动方便，清扫和整理能够轻松完成。"IKEA PS"带脚轮的储物柜

确认把大件家具搬进门的方法

送到家门口的家具却没法从玄关搬进来，经常听到这样失败的经历。在购买家具之前，要先量好每个房间的玄关、楼房出入口以及电梯里面的尺寸。没有电梯的要先量好楼梯的宽度和高度，这样才能放心购买。

在宜家的主页上，每件商品都标明了包装箱的尺寸，可以当作参考。

来客人时使用方便的凳子。能够叠放且节省空间。"玛留斯系列"的凳子，∅32cm、W40 cm×H45cm、浅蓝色

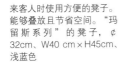

1.8 kg

5.4 kg

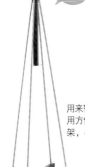

用来暂时存挂衣服或者收纳包包和帽子，使用方便的衣帽架。"图西格系列"的衣帽架，45cm×D45cm×H191cm、黑色

35.2 kg

可以轻松变成床的沙发床，装有脚轮，移动起来很简单。"IKEA PS 洛瓦斯系列"的沙发床，黑色

42.5 kg

床下装有两个抽屉，能够有效利用空间。带储物功能的"沃德系列"床架，W98×D207cm×H45cm

12 kg

18.6 kg

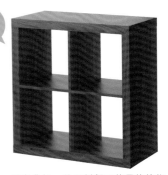

没有背板，从两侧都可使用的储物架。"埃克佩迪系列"的储物架组合，W79 cm×D39 cm×H79cm、核桃木

11.5 kg

桦木多层板材质的椅子架与椅垫的搭配组合。"佩洛系列"的扶手椅，坐垫H42cm、W68cm×D82cm×H100cm

7.0 kg

需要时可将桌板展开的伸缩式桌子。下折式伸缩桌，W60cm×L48cm、92cm×H74cm

桌面的下方为储物空间的纯槐木材质的桌子。"霍尔系列"的小边桌，W50cm×D50cm×H50cm

家具
Furniture

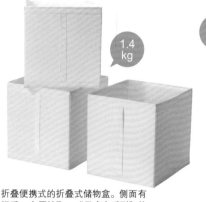

1.4 kg

0.1 kg

0.1 kg

1.2 kg

同样款式的衣架也能漂亮地收纳。从上往下分别是"布梅朗系列"的裙架，W34cm×H13cm；"布梅朗系列"的裤架，W30cm×H15cm；"布梅朗系列"的弧形衣架，W43cm×D1.4cm×H12cm、天然色、8只装

折叠便携式的折叠式储物盒。侧面有把手，方便抽取。"思库布系列"的储物盒，W31cm×D34cm×H33cm、3个装

0.3 kg

0.5 kg

用来挂在沙发扶手上的遥控器收纳袋。设置一个固定的位置，就可以收拾得整齐干净。"夫洛特系列"的遥控器口袋，W32cm×L93cm

挂在衣橱里的晾衣棒上的储物筐。"思库布系列"的9格储物件W22cm×D34cm×H120cm、黑色

清洁用具
Cleaning things

厨房用品
Kitchenware

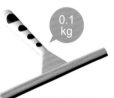

0.1 kg

0.1 kg

滚一滚、转一转，用来除去地毯、坐垫、衣服等物品上的灰尘。另外还出售可更换的胶带。"贝思迪系列"的滚筒式除尘器

不仅可以用来清洁窗户和镜子，还可以用来清除浴室墙壁和地板上的水。"斯哥奥系列"，W25 cm×H22.5cm

使用方便的3种型号的锅具套装。"阿纳斯系列"的烹饪器具五件套，0.8L长柄锅、1.4带盖长柄锅、2.4L带盖汤锅

1.6 kg

0.1 kg

用来清扫如桌子、鞋柜等空间较小的地方。有粉红、绿色、蓝色3种颜色。"布拉斯卡系列"的扫帚与簸箕，W21cm

0.3 kg

用了一半的食品袋、吃了一半的小点心包装袋都可以用这个夹子方便地夹起来。"贝瓦拉系列"的袋口夹，30只装、L6cm×20只、L11cm×10只

0.2 kg

在微波炉、冰箱里也可以使用的保鲜容器。不仅可以装食品，还可以用来整理小物品。"杰姆卡系列"的食品保鲜盒，∅ 13.5cm×H6cm、0.5L、3只装

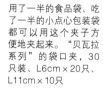

让居家生活变得更快乐的创意集锦

外籍宜家员工的居家创意

色彩的搭配、花纹的选用等独特的创意可以让室内空间更具西洋风情。在这里，我们向3位宜家员工请教了如何提高自我居家品味的技巧。

坐在素雅的"卡斯塔系列"棕色沙发里放松身心的卡尔一家。深红色的"阿西德系列"小地毯让空间变得明亮。

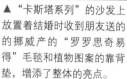

idea

用织布、瓷碗、照片增添典雅风情

"伯尔杰系列"餐椅的座垫布换成了花纹布，瓷碗装饰在格子壁橱里，渲染出典雅氛围。墙上展示的"丽巴系列"相框里镶嵌着卡尔在日本旅游时拍下的风景照片。

▲ "卡斯塔系列"的沙发上放置着结婚时收到朋友送的的挪威产的"罗罗思奇易得"毛毯和植物图案的靠背垫，增添了整体的亮点。

◀ 客厅的桌子为"拉姆比克"的咖啡桌。玻璃面板的下面嵌入了从瑞典买回的复古花纹纸。

idea

绚丽多彩的布料用来遮挡窗户或墙面

儿童房的墙壁上挂着一块色彩丰富的花布。为客人备用的"舒坦系列"床垫在不用时用"沙利萨系列"的布罩住。

▲ "比约斯塔系列"的餐桌和"伯尔杰系列"的餐具柜是一套储物组合，"拉克系列"的落地灯选用了黑色，增添了成熟气息。

用东方风情的小物件享受与众不同的混搭效果

卡尔·皮特逊先生

（宜家家居厨房用品销售经理）

卡尔先生家的餐厅组合和沙发等家具都是在宜家购买的，他说在瑞典，宜家是非常普遍的商品。卡尔先生在家里摆放了一些从家装饰品店买回的瓷器以及朋友赠送的花瓶等东西，增添了个性。另外，他还用花布制作椅子的座面和靠背垫等，享受着北欧与东方混搭风格的家装乐趣。

家庭数据

家庭成员：夫妇、一个孩子
住所：公寓
格局：两居室
面积：75.92m²

为了搭配白色的家具，叶子图案的小地毯和拟物风格的"纳帕系列"照明灯成为亮点，装扮出一个明亮的起居室。

被喜欢的东西包围着，感受放松心情的房间

庞托斯·尼莱恩先生（宜家客服员工）
"在家里是最安静惬意的时光！"庞托斯先生说道。天然风格的桦木色地板搭配白色家具的起居室，打造一个素雅却充满温暖的空间。为了让居家时光更加充实，除了在开放式储物架上摆放了幻想小说和日本漫画，还摆放着一个能容纳3台游戏机的大电视柜，实现了一个被心爱的物品所包围的房间设计。房间里点缀着一些蜡烛和绿色植物，装扮出一个能够更加放松身心的空间。

将北欧风格的白色搭配上大自然风格的桦木色。用蜡烛、仿真植物和照明灯增添其色彩感和亮点。

1 装饰贴花成为单调的白色墙壁上的亮点

起居室旁边的房间里家具较少，白色的墙壁格外醒目，给人以稍稍单调的印象。我们可以利用装饰贴花改变单调的感觉。

2 用没有压抑感的开放式储物架当作空间隔断

"埃克佩迪系列"的书架为开放式，两边的房间都可以使用，非常方便。将喜爱的幻想小说用作装饰来摆设。

3 能够容纳 3 台游戏机的大容量电视柜

"彼亚斯系列"的电视柜最适合用来大量收纳心爱游戏机了。设计简约，关上柜门后便给人以整洁的印象。

▲ 在容易黯淡的角落处摆放着一盆龟背竹，增添了一份清新感。

▲ 在储物架上装饰摆放上"思米加系列"人造花、提灯和蜡烛，体现出高低错落的变化感。

▲ 平时在厨房的吧台上吃饭。没有摆放组合餐桌，让起居室和用餐区看起来更宽阔一些。墙面上和桌架上的蜡烛、绿色植物成为这里的亮点。

idea

蜡烛和绿色植物是安神怡人的必备物品

色彩鲜艳的蜡烛和大盆的绿色植物为自然风格的空间增添了一抹色彩。

◀ 有一定高度的 "大马斯特系列"提灯被摆放在地板上。

▲ 正好适合吧台高度的高脚椅的布套可以摘下来。能够轻松变换风格，独具魅力。

◀ 收藏蜡烛的"拜霍马系列"储物筐被放置在餐区旁边的"埃克佩迪系列"柜子里。依随心情使用不同味道的蜡烛。

家庭数据
家庭成员：本人
住所：公寓
格局：两居室
面积：59.85m²

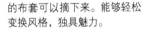

▲ 窗边摆放着一个长条烛台，可以欣赏到美丽的烛光。

▲ "马尔姆系列"的床和"西郎系列"的床罩都是深棕色，装扮出一个典雅的卧室。照明灯统一为纸质灯罩的"梅肯系列"灯具，散发出柔和光芒。

idea

用喜欢的布料定制的窗帘成为装饰墙面的艺术品

"梅肯系列"布料做成窗帘，白色图案散发出的光芒与暗底色形成对比。晚上拉上窗帘后，可以欣赏到美丽的图案。

用多彩的灯光营造出温馨四溢的房间

阿朗·马肯兹先生
（宜家日本神户店经营法人）
阿朗先生和他的两只爱犬生活在一个幽静的住宅街区里。起居室是一个用在海外旅行时收集的装饰灯营造出的温馨空间。虽然摆放着类型不同的灯具，但和谐统一。这些灯都可以统一散发出与照明灯光颜色相似的略带橙色或红色的光芒，而且装饰的地点也仅限于窗边和墙边，所以看起来很整洁、统一。另外，在特别的时刻里，还会让芳香蜡烛也来增添一份温馨。放松自己的时候，点燃几盏蜡烛，享受一份安神怡人的时光。

丰富多彩的蜡烛装扮了派对和休息的时光
依随场合选择不同的芳香蜡烛。派对的时候点燃苹果香味的蜡烛，增加氛围。休息的时候可以点燃几支薰衣草味的蜡烛。

形状、材质各不相同的装饰灯让窗边浪漫变身
球形灯是在越南旅游时买回的。从麻质的球体中透出的光芒给这个角落增添了情趣。如果同时使用多个小装饰灯效果会更好。

用装饰灯和小物件装饰出一个温暖又有个性的空间。"爱克托系列"的沙发坐上去非常舒适，沙发套也可以自己清洗，打理起来非常容易。

▶ 窗边摆放着"佩洛系列"的休闲椅组合。假日时可以在这里享受咖啡和阅读。

▲ 为了让心情舒缓，卧室里的主要物件都为纯色。墙壁中的一面被刷成了绿色，成为亮出点。床架为具有原木风情魅力的"马尔姆系列"。

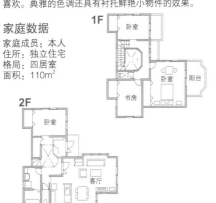

▲ 在宜家购买的枕套和床单，百看不厌的简单图案让人非常喜欢。典雅的色调还具有衬托鲜艳小物件的效果。

家庭数据

家庭成员：本人
住所：独立住宅
格局：四居室
面积：110m²

1F
卧室
书房
卧室
阳台

2F
卧室
客厅

◀ 用纯木材的家具装扮出素雅的餐厅。为了让空间显得清爽，吊灯选择了造型小巧的式样。桌子中央放置着母亲亲手制作的拼花手工艺品。

idea

用形状和素材各不相同的相框改变空间形象

儿童房的墙壁上挂着一块色彩丰富的花布。为客人备用的"舒坦系列"床垫在不用时用"沙利萨系列"的布罩住。

宜家问与答

针对读者提出的一些有关宜家的问题，在这里小编为大家做以解答。

问 各个国家的宜家店里销售的商品是否不同？

答 宜家的商品都是在宜家的发祥地——瑞典开发的。在各国销售的商品大约有9000种，全世界300多家的店铺里销售的东西是相同的。用餐区的菜单在不同的国家会有所不同，比如中国有盖饭，而美国有牛排、三明治。

问 商品名称的由来是什么？

答 宜家经营的9000多种商品都有瑞典语名字。在瑞典，还有专门负责给商品取名字的部门。这些名字中有瑞典城市的名字、人的名字以及联想出的名字等等，而且这些名字的由来也非常有趣！

问 不同的店铺、季节里的展示样板间会有所变化吗？

答 在宜家，每当开拓一个新市场都一定会进行入户调查（家庭访问）。也就是说，宜家会调查此地区人们的生活方式和生活需求，并将调查结果反映到样板间的设计中去。不同的店铺有着不同的样板间，所以请一定要多逛几家宜家店。另外，季节不同也会有所变化，有了新的创意会立刻向大家展示，您可以定期去宜家店看看哦！

问 能为顾客送货、组装商品吗？

答 宜家为顾客提供送货上门服务，会将您购买的商品在您要求的时间里送到您指定的地点。也为顾客提供家具组装服务，帮您组装或安装家具。关于每种服务的申请和费用等详细信息，请参阅宜家网站，或向宜家店一层的送货服务台咨询。

发现适用一生的"成长商品"！

打造一间充满智慧的儿童房

宜家的儿童家具的定义就是"能够伴随成长且可以灵活被使用的商品"。幼儿时还没有意识到自己的兴趣，但从小学开始"喜欢"和"讨厌"就表现出来了。在这里，我们将介绍一些使用简单、不受空间局限的伴随儿童成长的商品来布置和装扮儿童房间创意。让孩子们更加智慧地生活吧！

Best buy item
Micke
最佳选购商品"米克"

虽然简洁却极具功能性的实用学习桌嘉穗亲自选择了"米克"当作学习的小伙伴。据说桌子前方的白板和小磁石是吸引嘉穗的关键。桌上还配备了日历和台灯，入学已是万事俱备了。

嘉穗 小朋友 6岁
一年级小学生

从今年秋天开始就是一名小学
生的嘉穗小朋友似乎非常喜欢
入学前爸爸妈妈买的"米克系
列"学习桌。抽屉里面满满地
摆放着练习本和铅笔，嘉穗经
常入迷地在这里画画。紧贴书
桌的崭新双肩背书包好像也在
急切地期待着入学仪式。

便于摆放饰品和收拾整理的开放式书架
白板的旁边有一个可以自由改变搁板位置的
储物空间。这里摆放着嘉穗在幼儿园里制作
的充满回忆的手工作业和玩具小人儿。

能够发挥各种用途的方便白画板
白板上贴着时间表和在学校里画的画
儿。嘉穗非常喜欢在上面粘贴小磁石
或直接在上面画画。

给桌子安装上可爱的挂钩，确保
了书包的存放位置
小狗尾巴造型的挂钩上挂着一个玫瑰
红色的双肩背书包，它是爷爷、奶奶
为嘉穗开学而准备的。

桌子的抽屉里整齐地
摆放着笔记本和彩色
铅笔。抽屉有着充足
的储物空间，让特别
喜欢画画的嘉穗非常
开心。

最底层的粉红色盒子里装着图画书。因为不
同颜色的盒子里装着不同的东西，所以嘉穗
自己也能轻松地整理它们。

Best buy item
TROFAST
最佳选购商品"舒法特"

轻松收纳玩具和书本的"舒法特系列"
使人充分体验色彩搭配乐趣的"舒法特系
列"儿童储物家具。柜子上方是摆放小熊
布偶、玩具和小储物盒等东西的地方。

画有可爱数字的红、蓝、绿三色收纳盒。

Best buy item
GLIS
最佳选购商品"格丽亚"

为色彩绚丽的储物盒增添个性

用装饰颗粒漂亮地装扮了"格丽亚系列"的小储物盒。这些作品上闪烁着的灵感足以让大人也自叹不如。盒子里面收纳着小串珠、头花等许多小女孩的东西。

收纳盒里是嘉穗众多头花中最喜欢的几件。

家庭数据

家庭成员：夫妻、两个孩子
住所：独立住宅
格局：5居室
面积：160m²

Best buy item
MÅLA
最佳选购商品"莫拉"

激发孩子想象力的画架式绘画板

嘉穗从5岁时便开始使用的绘画板。她擅长画兔子、小花、音符等女孩子喜爱的图案。画板上还大大方方地签上了自己的名字。

白板的背后是黑板。可以用粉笔和画笔画不同的画，享受不同的乐趣。

过几年后的做法！！

现在房间里设置的只是临时儿童房，等嘉穗再长大一点，就会搬到2楼已备好的儿童房里。那里能找到可爱的小床和床上用品！

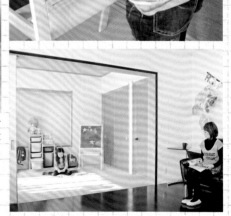

嘉穗的小屋设置在与客厅相连的日式房间里。爸爸妈妈经常守护在旁边，嘉穗可以尽情玩耍。

摆放着心爱之物的收藏架
从布偶到长靴，"拉克系列"的水蓝色墙壁搁板上摆放着小步的心爱之物，成为一个展示台。

Best buy item
LACK
最佳选购商品"拉克"

小步 小朋友 7岁
一年级小学生

白色的纸上画着鲸鱼、小汽车、潜水艇……3年前妈妈买的绘画板到现在还是小步的心爱之物。如此充满丰富想象力的小步的房间，是一个如同颜料调色板般的彩色世界。另外，房间里还搭配着草坪色的小地毯和旗帜图案的窗帘，能勾起特别喜欢足球的小步的玩耍念头。

充满活力、绚丽多彩的小步房间。收纳盒里摆满了和小朋友们一起玩耍的玩具。妈妈把小步画得不错的画放进了各种颜色的相框里，挂在了墙上。

过几年后的做法!!

现在想要的是宜家"丘拉系列"的高脚床和"斯托巴系列"的衣橱，等小步再长大一点，便想挑战一下融入了黑色和银色的素雅风格的家装。

Best buy item
MÅLA
最佳选购商品"莫拉"

培养丰富想象力和表现力的绘画板
小步经常坐在"莫拉系列"的脚踏凳上画画。也许是因为置身于这个色彩丰富的房间里，小步画的树木和动物也是五颜六色的，这也是想象力得到丰富培养的证明。

以原木色与白色为基调的大自然风格的起居室和餐厅。配合墙壁的颜色和宽度，摆放了一组宜家的组合柜。

起居室的墙壁上设计了一个摆放着妈妈心爱之物的装饰搁板，上面还摆放着妈妈给小步拍的照片。

妈妈按照窗户的大小更改了旗帜图案窗帘的尺寸。

家庭数据
家庭成员：夫妻、一个孩子
住所：独立住宅
格局：5居室
面积：74.55m²

五彩的活动气球是丹麦弗莱斯特德·莫比尔公司的产品。

在起居室的一角设置了
小步的学习区。

粉红色布面的可爱盒子被用来当作玩具收纳盒。大小不同的3个盒子叠放在一起，放置在床边。

小M 1岁

为了与五颜六色的小物件相辉映，白色墙壁的一面被刷成了抹茶色。想到"小M长大后就不喜欢这个颜色了"，所以以床的四周为中心，到处都点缀了五颜六色的小物件。随着小M的成长，床、储物架等家具可以变换使用方法，颜色也选择便于搭配的白色。

Best buy item
TROFAST
最佳选购商品"舒法特"

抽取方便的储物架让玩具的拿放也变得轻松

"舒法特系列"的储物架用来收纳玩具和绘画书。小M在客厅玩耍时，每个绿色的盒子都能自由搬动，很方便。孩子够不着的储物架高处摆放着大人的书籍。

> **过几年后的做法!!**
> 这是一个以粉红色为主的浪漫空间，但等到小M上中学后，就要根据小M的喜好进行家装了。现有的储物空间较小，或许可以利用储物架来收纳衣物。

家庭数据
家庭成员：夫妻、一个孩子
住所：公寓
格局：两居室
面积：75m²

根据身高改变床的大小
因为婴儿床的使用期间太短，所以没有购买，而是选购了"米纳系列"的伸缩床。虽然还需购买单独出售的床板，但床的适用长度是135cm～206cm，所以即使孩子长大了也能放心使用。

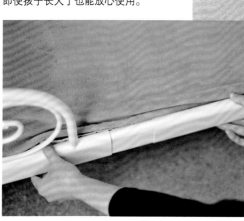

Best buy item
MINNEN
最佳选购商品"米内"

兄弟二人共用的8m²房间的家装创意

理想中的儿童房完成了

进入小学后，孩子们所处的生活环境年年都在发生变化。儿童房的设计必然要灵活应对孩子成长带来的变化，并且此时正是培养孩子感知能力、审美能力以及智力的重要时期，所以需要设计一个充满智慧和创意的儿童房。

着眼未来、使用期长的简洁设计和高性能的宜家家具是儿童房装修设计的好帮手。在宜家的样板间再现了兼具安全性、储物能力、舒适性等特点的儿童房。

我们将按照5个关键词来分别介绍在这间为两位小学生兄弟设计的六张榻榻米大小的空间里发现的、值得效仿的家装创意。

注意事项

选择注重儿童安全性的商品

孩子进入小学的同时也有了自己的房间，不能时刻都在父母的视线里，于是为他们选择安全的家具很重要。选择不易夹手的抽屉和柜门，挂钩等物也要选择造型圆滑的。

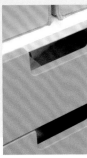

"斯多瓦系列"的抽屉把手部分为中空型，不易夹到手，而且挡板的四角比较圆润。

注意事项

与物品相匹配的充足储物能力

随着年级的增长，孩子的东西也会越来越多。建议选择能够扩大储物空间的家具。固定了东西的存放位置，孩子自己也能够进行整理，对孩子的整理能力也是个培养。

带储物功能的长凳和能够加装抽屉的"斯多瓦系列"储物柜（带柜门）。柜门背面安装"洛兹系列"的镜子，可以让孩子在体验挑选衣服的同时培养自身的审美意识。

"米克系列"的正面部分为白板。上面可以粘贴磁铁式的笔架和纸张，使桌面干净整洁。

为了收纳兄弟二人的衣物、玩具和书本，并排摆放了两个"斯多瓦系列"的储物柜，储物柜和抽屉的门选用了蓝色、黑色等孩子们喜欢的颜色。

> "斯多瓦系列"储物柜的使用方法也值得注意！

在父母视线所及的餐厅窗边设置一个玩耍区

在餐厅一角，利用"斯多瓦系列"的长条储物凳设置了一个兼作玩耍区和玩具储物区的空间。高度为90cm的长条柜用来当作桌子，儿童坐在旁边时高度正合适。

适合不同场景的自在空间

为了施展自由的创意，关键是不要让家具填满整个房间，而是创造一个可供自由玩耍的空间。一个人看看书或和朋友一起玩耍，创造一个能够适用各种场面的房间布局，同时也要确保家具能够方便地移动。

为了能够直接坐在床和桌子之间的空地上玩耍，地上铺了一块小地毯。"米克系列"的学习桌的纵深为50cm，所以不会给人以压抑感。选择孩子喜欢的花色地毯，培养孩子的个性。

"米克系列"家具的使用方法也值得注目！

在起居室的一角设置一个家庭用的电脑桌

在兼作电视柜的墙面储物柜旁摆放了一张用作电脑桌的"米克系列"桌子，而且还可以有多种用途。宽度为51cm，造型小巧，带有配线口和储物空间，看上去整洁干净。

用"安娜莫阿系列"布料制作的窗帘。因为窗帘占据了墙面的大片面积，决定了房间的风格。由于便于更换，自己动手制作也很简单，所以能够很容易地展现孩子的兴趣。

注意事项

展现欢快的心情，打造舒适的空间

为了让"属于自己的空间"住得更舒适，用喜爱的东西来装扮房间是重点。选择颜色和造型图案都很喜欢的家具和小物件吧！家具的色彩、设计讲究的灯具和画板等等，宜家里有许多让孩子心动的种类。

注意事项

选择能够应对成长变化的灵活家具

即使是大孩子也不会看厌，而且换个房间也能灵活使用，这就是宜家家具的魅力。伸缩式的床和添加组件后自由组装的储物架都是能够调整尺寸的家具。

花朵造型的"斯米拉 布洛玛系列"壁灯，有着独特造型和颜色的灯具成为亮点。

儿童专用的"思科宜系列"台灯，设计独特。

IKEA Furniture Catalogue for Kids

选择适合孩子成长的家具

从婴儿到少年，这里汇集了配合孩子年龄而灵活运用的儿童家具。为孩子的今天和将来考虑，认真地为他们挑选家具吧！

拆掉婴儿更换台后变身成一个可爱的储物架。"汉尼斯系列"的抽屉柜W75cm × D41cm × H161cm + 婴儿更换台W75cm × D49cm × H10cm

0~2岁

让婴儿和家人都能长期使用的创意

迎接新生命时首先要准备好婴儿床和婴儿更换台。选择那些即使婴儿长大后通过变形仍然能够发挥作用的婴儿家具。

婴儿更换台可拆卸的桌柜。"汉斯维克系列"的桌柜W89cm × D41cm × H94cm + "汉斯维克系列"的婴儿更换台顶架W86cm × D58cm × H10cm

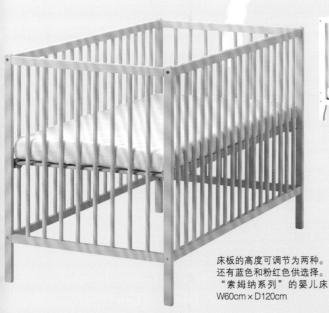

为了让孩子能够自己上下，一面的栅栏可以拆卸。"汉斯维克系列"婴儿床W66cm × D123cm × H85cm

床板的高度可调节为两种。还有蓝色和粉红色供选择。"索姆纳系列"的婴儿床W60cm × D120cm

柔和的奶白色。高度可调节，侧边的栅栏也可拆卸，功能性强。"古利福系列"的婴儿床W66cm × D123cm × H80cm

如同玩具屋中的椅子，独特的造型是这把椅子的特点。"玛莫特系列"的儿童椅 W39cm × D26cm × H67cm、SH30cm

整理方便的储物筐。里面的东西能够一目了然，很有趣。带盖网眼筐 ∮35cm × H49cm

会让孩子想玩过家家游戏的如同玩具般的桌子。"玛莫特系列"的儿童桌 W77cm × D55cm × H48cm

3~5岁

激发孩子无限好奇心的玩具式家具

孩子们对任何事物都有旺盛的好奇心，画画、玩玩具或是走、跑、跳都是孩子们最喜欢的。这里将介绍一些可以包容孩子们的无限精力的家具。但玩耍之后，别忘了收拾整齐。

正面是白板、背面是黑板的画架式绘画板。"莫拉系列"的画架 W62cm × D43cm × H118cm

座位下面还有一个储物空间。用来当作玩具盒也很方便。"桑萨德系列"的儿童凳 W30cm × D30cm × H34cm

像玩具一样可以旋转的椅子。"IKEA PS系列"的旋转扶手椅 W59cm × D62cm × H75cm

可以根据椅子的高度和游戏的内容来调节桌子的高度。"桑萨德系列"的儿童桌 W60cm × D100cm × H48cm ~ 60cm

也可以当作长条凳的储物箱。盖板可以缓缓关闭，很安全。"雷克斯比克系列"的宝物箱 W82cm × D43cm × H47cm

让收纳整理变得快乐起来的多种色彩的收纳箱。"贝斯提系列"的带脚轮收纳箱 W39cm × D39cm × H28cm

通过摇晃来培养孩子平衡感的吊椅。"艾克拉系列"的挂布和挂索，最大负重100kg

把床翻个面就可以变身为高脚床的两用床。"丘拉系列"的双面床 W99cm×D209cm×H116cm

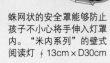

蛛网状的安全罩能够防止孩子不小心将手伸入灯罩内。"米内系列"的壁式阅读灯 ∮13cm×D30cm

多彩的"舒法特系列"抽屉组合让孩子感到快乐。可以坐在上面看书或站在上面玩耍。

蓬松的云朵图案非常可爱。放在桌旁会非常有趣。"思科宜系列"的台灯

做起来很舒适的休闲椅。孩子的动作会让椅子来回地摇晃。"波昂系列"的儿童手扶椅 W47cm×D60cm×H68cm

6~9岁

"我的地盘我做主"，
成为走向自立的一大台阶

为培养孩子独立能力和感知能力创造一个只属于他们的空间吧！为了让孩子能够独立完成睡觉、换衣、收纳整理等小事情，还需考虑到家具使用的方便性和安全性。

与如同神话故事中飞出来的精灵们一起度过梦幻的夜晚。"塔萨 纳托系列"的壁灯 W14cm×D8cm×H20cm

天然素材的温馨感和舒适的晃动能让孩子不知不觉地进入梦乡。"瓦尔德系列"的摇椅 W42cm×D68cm×H56cm

双层床是孩子们的梦想之物。"麦达系列"的双层床架 W97cm×D206cm×H157cm

色彩丰富的"斯多瓦系列"组合储物柜。将柜门、抽屉挡板、框架组合到一起，可以横向、竖向自由地扩大。

能够随意地组装桌子、抽屉、储物柜、桌架等种类丰富的加装配件、扩大体型的工作桌。"米克系列"

衣柜内部的纵深让大人的衣服也可以收纳其中。触动少女情怀的少女风格设计。"汉斯维克系列"的衣橱 W75cm × D48cm × H169cm

10岁以上

从玩耍的房间切换到学习的房间吧!

孩子们即将迎来从此长大成人的重要时期，为他们创造一个能够自主学习的房间吧！建议选择可以根据需要自由变大或组装替换的家具，能够在孩子长大之前长期使用。

可用来当作笔记本桌的抽屉式储物柜。"利雅斯系列"的学习桌 W80cm × D48cm × H123cm

可以根据需要调节桌面和桌架的高度。"弗雷迪克系列"的学习台 W98cm × D62cm × H149cm

除了有可以摆放书本和CD的搁板，还有可以放置电脑的地方。"雅汉系列"的搁板组合桌 W120cm × D70cm × H125cm

座位的高度可以自由调节。孩子、大人都可使用的学习椅。"尤利斯系列"的旋转椅 W98cm × D62cm × H149cm

将床与学习桌一体化的家具。"乔姆森系列"的阁楼式床架，带桌面 W97cm × D208cm × H206cm

肉丸子和卷心菜的简单热汤
宜家的**北欧美食**

这里为您介绍一款只用一只锅就可以做出的简单汤品。
不仅能够吃到很多蔬菜，还非常适合在寒冷的日子里食用。

<材料>（2人的分量）

· 蛋糕

冷冻肉丸子	1/2 袋（约16个）
卷心菜	1/4 颗
马铃薯	1个
胡萝卜	1/2个
黄油	适量
红糖	1大匙
水	1000ml
固态牛肉汤	1个
盐、胡椒	适量

制作方法

①取卷心菜的菜心，切成3cm的小块。胡萝卜去皮后切碎。把去了皮的马铃薯切成2cm的小块，泡入水中。

②热锅加入黄油，翻炒卷心菜。

③卷心菜炒软后，加入红糖接着翻炒。

④红糖融到卷心菜中后，加入胡萝卜、沥干水分的马铃薯。

⑤加水，加入固态牛肉汤。

⑥大火煮沸后改成小火，盖上锅盖，焖煮约20分钟。

⑦加入冷冻肉丸子，用中火煮大约10分钟。

⑧加入盐、胡椒调味后就做好了。

圆溜溜的肉丸子是瑞典料理的经典菜品

宜家家居里非常有人气的肉丸子是瑞典料理中不可或缺的菜品，一般都是用牛肉或猪肉肉馅儿手工制作而成的小粒丸子，而且添加的调味料和原料也是各不相同。另外，做法丰富多样，可以加一些奶油沙司或是用生奶油慢慢焖煮，也可以和奶汁脆皮烤菜一起吃。

寒冷季节里也能茁壮成长的卷心菜一直就是瑞典美食中的重要食材之一

在冬季严寒的瑞典，能够食用的蔬菜是有限的，其中卷心菜是非常有人气的食材。瑞典的卷心菜一般较圆，菜心较大。除了可以做汤，还可以和肉馅儿拌在一起做成烤菜，一般都是煮熟了再吃。

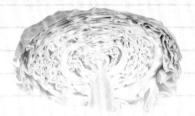

meatballs soup with cabbage

除了肉和蔬菜，水果也可以做成美食只要将喜欢的食材慢慢焖煮就可以了

让身心都暖和起来的热汤是冬季餐桌上经常出现的菜品。做热烫时不仅可以放入肉丸子和卷心菜，只要是喜欢的蔬菜都可以，简单方便的做法独具魅力。还有一种是将水果炖煮后做成的甜品汤。

如果用铸铁锅做出的汤会更美味。"西尼尔系列"的西餐锅，带锅盖，3L、"IKEA365+ 哈特系列"的长柄汤勺。

本次的IKEA FOOD

因为装在碗里冷冻，所以只需添加到菜品里就可以轻松享受瑞典美食。肉丸子500g。
※ 各店正在出售的是500g/1袋的包装，与照片中的1000g表记不同。

教给我们烹饪方法的人

窍门就是使用牛肉汤

浜小路安娜小姐
安娜小姐（布罗姆斯特·安娜）帮忙打理着丈夫经营的杂货鲜花店，她发挥了长年在日本生活的优势。

与家人团聚的日子里，安娜会做好一锅热气腾腾的汤，有时也会在肉丸子里添加一些丁香香料。

TITLE：［ＩＫＥＡ BOOK vol.3　新生活を思いっきり楽しもう］

BY：［株式会社エフジー武蔵］

Copyright © FG MUSASHI Co., Ltd., 2011

Original Japanese language edition published by FG MUSASHI Co., Ltd.

All rights reserved. No part of this book may be reproduced in any form without the written permission of the publisher.

Chinese translation rights arranged with FG MUSASAHI Co., Ltd., Tokyo through Nippon Shuppan Hanbai Inc.

本书由日本株式会社武藏出版授权北京书中缘图书有限公司出品并由江西科学技术出版社在中国范围内独家出版本书中文简体字版本。

版权所有，翻印必究

著作权合同登记号：图字14-2013-158

图书在版编目（CIP）数据

焕然一新的春夏个性空间 / 日本武藏出版编著；芦茜译. -- 南昌：江西科学技术出版社，2013.5
（IKEA BOOK宜家创意生活；3）
ISBN 978-7-5390-4748-5

Ⅰ.①焕… Ⅱ.①日…②芦… Ⅲ.①住宅 – 室内装饰设计 – 图集 Ⅳ.①TU241-64

中国版本图书馆CIP数据核字(2013)第108063号

选题序号：KX2012078

图书代码：D13026-101

策划制作：北京书锦缘咨询有限公司（www.booklink.com.cn）
总 策 划：陈　庆
策　　划：李　伟
版式设计：季传亮

出版发行　江西科学技术出版社
地　　址　江西省南昌市蓼洲街2号附1号
　　　　　邮编：330009　电话：（0791）86623491　86639342（传真）
责任编辑　黄成波
责任校对　钱伟捷
印　　刷　北京瑞禾彩色印刷有限公司
经　　销　全国新华书店
开　　本　185mm×260mm　1/16
印　　张　8
字　　数　80千字
版　　次　2013年7月第1版　　2013年7月第1次印刷
书　　号　ISBN 978-7-5390-4748-5
定　　价　42.00元

赣版权登字-03-2013-46